Bibliografische Information der Deutschen Nationalbibliothek:

Die Deutsche Bibliothek verzeichnet diese Publikation in der Deutschen Nationalbibliografie; detaillierte bibliografische Daten sind im Internet über http://dnb.d-nb.de/ abrufbar.

Impressum:

Druck und Bindung: Books on Demand GmbH, Norderstedt Germany
ISBN: 9783668691063

Dieses Buch bei GRIN:

https://www.grin.com/document/423674

Michael Dienst

Gas haltende Kavität in Laborstandard zur Implantation

Transactions in Suffering Innovations T20 SI763

GRIN Verlag

„Transactions in suffering Innovations“

Ideen verbrennen im Park

Der Wedding ist heute wunderschön
und ich fühl` mich seltsam stark.
Was hält mich da noch im Labor?
Wir gehen zum Led Zeppelin,
der gefällt mir mehr als je zuvor,
bei ungefähr tausend Kelvin.
Komm, lass uns Patente verbrennen im Park.

Mi. Berlin 2016

Den Ausführungen sei ein Traktat vorangestellt. Die Textbeiträge zum Stand der Technik und den „Transactions in Suffering Innovations“ besitzen ein dynamisches Format und sind, beginnend im November 2016, in folgender Weise geordnet und Überschrieben:

Titel:	Artefakt
Untertitel:	Transactions in Suffering Innovations T[NUMMER]SI[Mi-KENNUNG]
Datum:	Freigabe
Prolog	[Kontext]
Kerntext	[Technische Beschreibung]
Epilog	[Hintergründe und Dialoge]

Traktat

über die Beiträge zum Stand der Technik und zu den „Transactions in Suffering Innovations“

Die „Transactions in Suffering Innovations“ bilden eine Sammlung von Schriften über Artefakte im Themenfeld Biologie & Technik, die in loser Reihenfolge erscheint. Es besteht durchaus die Absicht, den Stand der Technik zu verändern.

Gegenstand der Beiträge zu den Schriften der „Transactions in Suffering Innovations“ sind Artefakte, Problemlösungen, Gestaltungsfragen und die kritische Auseinandersetzung mit Themen der Bionik, also Technik nach Vorbildern aus der belebten und unbelebten Natur und ihre Umsetzung. In ausgesuchten Fällen sind Technische Beschreibungen nach Standards des Deutschen Patent und Markenrechts[1] verfasst.

Mit den „Transactions in Suffering Innovations“ soll der Fortschritt auf dem Gebiet der angewandten Bionik dadurch gefördert werden, dass die dargestellten notleidenden Artefakte, Problem- und Gestaltungslösungen frei von Rechten Dritter sind und mit ausdrücklicher Genehmigung dem Leser zur Nutzung verfügbar werden.

In den „Transactions in Suffering Innovations“ werden ausschließlich Artefakte offeriert, die nicht unter das Arbeitnehmererfindungsgesetzes ArbErfG[2] fallen oder in der Vergangenheit fielen.

Die in den „Transactions in Suffering Innovations“ dargestellten Artefakte sind insofern notleidend, da sie einerseits aus materieller Not nicht weiterverfolgt werden, ein Umstand der sich vielleicht wieder ändern mag. Andererseits sind die dargestellten Artefakte notleidend, weil sie möglichweise auftretender oder voranschreitenden geistigen Umnachtung zum Opfer zu fallen drohen; ein Umstand der sich wohl nicht mehr ändern wird.

Als Übergeordneter Absicht gilt es solche Forschung anzustoßen, die Lösungswege der Übertragung biologischer Phänomene untersucht und Fragestellungen betrifft, die im Zusammenhang stehen mit Natur und Technik.

Die Beiträge zum Stand der Technik und den „Transactions in Suffering Innovations“ sind in deutscher Sprache verfasst. Dem Text wird gegebenenfalls eine teilweise oder vollständige Übersetzung in englischer Sprache beigestellt. In einer Ausgabe der Schriftensammlung wird jeweils nur ein Werk platziert. Den Ausführungen wird gegebenenfalls ein Prolog vor und ein Epilog nachgestellt.

Mi. Dienst

---

[1] https://www.dpma.de/patent/anmeldung/index.html

[2] Am 7. Februar 2002 trat die Novellierung des Arbeitnehmererfindungsgesetzes ArbErfG in Kraft.

Titel: **Gas haltende Kavität in Laborstandard zur Implantation**

Untertitel: Transactions in Suffering Innovations T20 SI763
24. April 2018

Technische Beschreibung

Gas haltende Kavität in Laborstandard zur Implantation

Die Erfindung betrifft die Lehre über die Gestaltung Gas haltender Kavitäten in Differentialbauweise zur Implantation in die benetzte Oberfläche von Strömungsbauteilen, beispielsweise den Unterwasserbereich von Seefahrzeugen. Die Erfindung betrifft ferner eine Standardisierung Gas haltender Kavitäten für Laborzwecke und wissenschaftliche Untersuchungen. Im Zusammenspiel der besonderen Gestaltung der Gas haltenden Kavitäten (Gas Keeping Kavities, GKK) ist die Materialauswahl von Bedeutung. Es kommen hydrophobe Materialien – vornehmlich Kunststoffe oder hydrophobe Oberflächenbeschich-tungen zur Anwendung. Die Gas haltenden Kavitäten in Differentialbauweise für Laborzwecke zur Implantation sind in ihrer Grundform zylinderförmig, werden als Komplexbauteil in Kernbohrungen ISO 1207 (DIN 84) gefügt und ggf. stoffschlüssig arretiert.
Die Gas haltenden Kavitäten in Differentialbauweise zur Implantation, bestgehend aus zwei Grundkomponenten sind für Laborzwecke und wissenschaftliche Untersuchungen (I) in ihren Hauptabmessungen skalierbar und (II) in unterschiedlichen Varianten für die Finnenkomponente gestaltbar.

Stand der Wissenschaft, Stand der Technik und Entgegenhaltungen

Neben der fluidmechanischen Wirksamkeit, der mechanischen Stabilität und Festigkeit ist die Minderung des fluidmechanischen Widerstands das wichtigste Gestaltungskonzept bei der Entwicklung von Strömungsbauteilen.

Stand der Wissenschaft. Biologie und Bionik.

In den Jahrmillionen der biologischen Evolution hat die belebte Natur leistungsfähige und Ressourcen schonende Gestaltungslösungen hervorgebracht. Die wissenschaftliche und Anwendungen orientierte Bionik (aus Biologie und Technik) entschlüsselt biologische Gestaltungslösungen mit dem Ziel Prinzipien aus der belebten Natur auf Technik zu übertragen.
Der so genannte Salvinia-Effekt beschreibt die dauerhafte Stabilisierung einer Luftschicht auf einer Oberfläche unter Wasser. Basierend auf biologischen Vorbildern (z. B. Schwimm-farngewächsen (Salviniaceae) eröffnen technische Salvinia-Oberflächen u. a. die Möglichkeit der Beschichtung von Schiffen, die reibungsreduziert (erste prototypische Oberflächen zeigten eine Reibungsreduktion von bis zu 30 %) auf einer Luftschicht durch das Wasser gleiten und Energie und Emissionen einsparen.

Voraussetzungen sind extrem wasserabstoßende superhydrophobe Oberflächen mit bis zu mehrere Millimeter langen haarartigen gekrümmten und elastischen Strukturen, die unter Wasser die Luftschicht einschließen. Der Salvinia-Effekt wurde von dem Biologen und Bioniker Wilhelm Barthlott (Universität Bonn) und Mitarbeitern entdeckt und seit 2002 systematisch an Tieren und Pflanzen untersucht [BART-18].

Werden extrem Wasser abweisende (superhydrophobe), strukturierte Oberflächen unter Wasser getaucht, so wird Luft, für eine begrenzte Zeit, zwischen den Strukturen eingeschlossen und von der Oberfläche gehalten.

Der von Barthlott beschriebene Salvinia-Effekt wird in erster Linie von mikrostrukturierten „Anhängen" an eine gegebene fluidmechanisch wirksame Oberfläche getragen.

Bei Salvinia natans ist das Halten der Luft vermutlich eine Überlebensstrategie der Pflanzen. Die Oberseite ihrer Schwimmblätter ist stark Wasser abweisend und weist eine äußert komplizierte und artspezifisch sehr unterschiedliche samtige Behaarung auf. Bei einigen Arten sind die immer vielzelligen 0,3–3 mm langen Haare einzelstehend (z. B. Salvinia cucullata), bei Salvinia oblongifolia sind zwei Haare an der Spitze verbunden.

Bei Salvinia minima und Salvinia natans stehen vier freie Haare auf einem Sockel. Die komplexesten Haare haben die Riesen-Salvinia Salvinia molesta und Salvinia auriculata sowie nahe verwandte Arten: auf einem gemeinsamen Stiel stehen je vier Haare, die aber an der Spitze verbunden bleiben. Das Ganze ähnelt einem mikroskopischen Schneebesen und hat zu dem treffenden Namen „Schneebesen-Haare" (eggbeater trichomes) geführt. Die gesamte Blattoberfläche - inklusive der Haare - ist mit nanoskaligen Wachskristallen überzogen, die für den Wasser abweisenden Charakter der Oberfläche verantwortlich sind. Die Blattoberflächen sind somit ein klassisches Beispiel für eine „hierarchische Strukturierung" [Salv-18].

Der Große Kolbenwasserkäfer (Hydrophilus piceus, Syn.: Hydrous piceus) ist mit einer Länge von bis zu fünf Zentimetern der größte Wasserkäfer Europas und wurde deswegen früher auch Riesenwasserkäfer genannt. Er zeigt bei der Atmung einige höchst interessante Anpassungen an das Wasserleben und steht wegen seiner zunehmenden Gefährdung unter Naturschutz [Kolb-18]. Zur Atmung kommt der Kolbenwasserkäfer mit seinem Vorderende an die Wasseroberfläche. Er hält den Kopf von unten an den Wasserspiegel und neigt sich dabei leicht nach einer Seite, er krängt. Dann holt er den der Wasseroberfläche näheren Fühler aus der mit Luft gefüllten Grube, die sich auf der Unterseite des Halsschilds befindet. Ein spitzer Fortsatz des ersten Glieds der Fühlerkeule durchbricht von unten die durch die Wasseroberflächenspannung bedingte Haut der Wasseroberfläche. Dann wird der Fühler abgeknickt über die Wasserfläche hinausgeschoben, so dass die Fühlerspitze unter der Wasseroberfläche bleibt und dabei der Kopffurche anliegt. Die Kopffurche ist eine aus zwei Haarsäumen bestehende Rinne, die vertikal verläuft. Sie wird durch die darüber liegenden Aushöhlungen der drei Fühlerendglieder zu einem Schnorchel ergänzt, der von dem abgeknickten Fühlergelenk über Wasser bis unter den Halsschild reicht. Zum Lufttransport führt die mit feinsten Härchen bekleidete Fühlerkeule vibrierende Bewegungen aus. Diese Tätigkeit wird abwechselnd links- und rechtsseitig ausgeführt, so dass das Tier hin- und herschaukelt. Auf der Körperunterseite tragen die Käfer eine dichte goldgelbe Behaarung (Pubescenz), zwischen dem zweiten und dritten Beinpaar und entlang der Flügeldeckenränder und vom Dorn über dem Brustkiel. Unter der Behaarung wird der Luftvorrat in Hohlräumen (Kavitäten) mittransportiert. Dieses Luftkissen auf der Körperunterseite wird von einem Kiel und den überstehenden Deckflügelrändern gehalten und reicht bis zu den ersten Hinterleibsegmenten. Die Luftschicht wird Plastron genannt, womit ursprünglich das Brustleder einer Panzerung bezeichnet wurde.

Der Salvinia-Effekt und der Lufttransport an der Körperunterseite des Kolbenwasserkäfers unterscheiden sich in ihren Wirkprinzipien, was in einer technischen Übertragung im Sinne der Bionik zu weiter reichend unterschiedlichen Konzepten führt. Während der Salvinia-Effekt von mikroskopisch kleinen Anbauten, die zu einer Struktur rapportiert Luft haltend wirken, getragen wird, sehen wir beim Kolbenwasserkäfer hydrophobe Kavitäten in konstruktiver und organisatorischer Union mit einer grannenartigen Behaarung zur Lufthaltung. Ein sehr robuster biologischer Gestaltaufbau.

Problembeschreibung

In Fahrt und beim Manövrieren von Seefahrzeugen ist Friktionswiderstand und Strömungsablösung insbesondere bei Leit- und Steuerflächen ein unerwünschtes physikalisches Phänomen. Dies gilt auch für Seefahrzeuge, die gelegentlich krängen und damit Teile ihres Unterwasserschiffs der Luftatmosphäre freigeben. Luft haltende Oberflächen vom Stand der Technik sind bauartbedingt sehr empfindlich gegenüber äußerer Krafteinwirkung. Die an den Prozessen im Betrieb beteiligten physikalischen Wirkmechanismen sind von hoher Komplexität und bislang schlecht erforscht.

Problemlösung

Das der Erfindung zu Grunde liegende Problem wird dadurch gelöst, dass in die Oberfläche von fluidmechanisch wirksamen Strömungsbauteilen besonders gestaltete, aber standardisierte hydrophobe Luft haltende Kavitäten implantiert werden. Bei Seefahrzeugen, die gelegentlich krängen und dann Teile ihres Unterwasserschiffs der Luftatmosphäre freigeben kommt es im Betrieb zu einer „Beladung“ der hydrophoben Kavitäten mit Luft. Gegenüber Luft haltenden Oberflächen vom Stand der Technik sind standardisierte hydrophobe Luft haltende Kavitäten bauartbedingt sehr robust und unempfindlich gegenüber äußerer Krafteinwirkung. Weil die an den Prozessen im Betrieb beteiligten physikalischen Wirkmechanismen von hoher Komplexität und bislang schlecht erforscht sind wird mit der Erfindung nach Anspruch 1 ein Gestaltungsstandard festgelegt, der vergleichende wissenschaftliche Untersuchungen mit dem Ziel einer Übertragung auf maritime Technik ermöglicht. In ihrer Geometrie skalierte Kavitäten können zu Mess- und Berechnungsreihen in Serien geordnet werden.

Erreichbare Vorteile

Durch die Erfindung wird erreicht, dass der fluidmechanische Widerstand vermindert wird. Standardisierte hydrophobe, Luft haltende Kavitäten sind mechanisch sehr robust.
Der bei schwimmenden Insekten beobachtete Effekt der Strömungskonditionierung durch Kavitäten in gestalterischer Verbindung mit grannenartiger Behaarung ist für technische Anwendungen, beispielsweise Rumpfsektoren von Seefahrzeugen, die gelegentlich krängen oder für teiltauchende Leit- und Steuertragflächen nutzbar. Die Minderung des fluidmecha-nischen Widerstands von Seefahrzeugen ist von wirtschaftlichem Interesse. Eine vergleichende Untersuchung der beteiligten Wirkmechanismen im Betrieb ist von wissenschaftlichem Interesse.

Aufbau und Wirkungsweise

Baulicher Zusammenhang. Gas haltender Kavitäten (Gas Keeping Kavities, GKK) zur Implantation in die benetzte Oberfläche von Strömungsbauteilen in Differentialbauweise und bestgehend aus zwei Grundkomponenten sind in ihrer Grundform zylinderförmig.
Die Gas haltenden Kavitäten in Differentialbauweise zur Implantation, bestgehend aus zwei Grundkomponenten sind für Laborzwecke und wissenschaftliche Untersuchungen in ihren Hauptabmessungen skalierbar und in unterschiedlichen Varianten für die Finnenkompo-nente gestaltbar.
Die Gas haltende Kavitäten können in zwei grundsätzlichen Varianten gefertigt und betrieben werden. Der Inhärenz-Typ der Gas haltenden Kavitäten, der aus einem hydrophoben Material gefertigt wird und der Beschichtungs-Typ, der aus einem konstruktionsgerechtem Material gefertigt wird, und dann eine Oberflächenbeschichtung erhält. Als Serienprodukt ist der Inhärenz-Typ vorteilhaft, für wissenschaftliche Untersuchungen ist der Beschichtungs-Typ gut geeignet.

Bei der Gas haltenden Kavität in Differentialbauweise zur Implantation in die Oberfläche eines Strömungsbauteils bilden der Kavitätszylinder TUB und die Granne FIN eine gestalterische und organisatorische Einheit. Im Wurzelbereich des gehöhlten Zylinders TUB kann optional eine Nut SPA in das Material geprägt sein. Die schematischen Skizzen FIGUR 1 und FIGUR 2 zeigen Seitenansichten in eingebautem Zustand und als Skizze mit prinzipieller Bemaßung; die schematische Skizze FIGUR 3 zeigt eine Draufsicht auf das Bauteil. In der Skizze FIGUR 4 sind fünf Varianten gegenüber der Grundform der Granne FIN angedeutet. Die Gas haltenden Kavitäten in Differentialbauweise zur Implantation werden als Komplexbauteil in Kernbohrungen ISO 1207 (DIN 84) in das Strömungsbauteil SBT gefügt und ggf. durch eine Klebung stoffschlüssig arretiert.

Bezeichnungen in den schematischen Skizzen Figur 1 bis Figur 4

TUB		Kavitätszylinder
CAV		Kavitätenhohlraum
FIN		Granne in n Varianten Vn
SPA		Einstich in den Kavitätszylinder
BOD		Strömungsbauteil (ist nicht Gegenstand der Erfindung nach Anspruch 1)
SAC		Kernbohrungen ISO 1207 (DIN 84) in das Strömungsbauteil SBT
H0	m	Gesamthöhe des Kavitätszylinders
Hk	m	Rundungshöhe der Kavität
D0	m	Durchmesser des Kavitätszylinders
R1	m	Rundungsradius der Kavität CAV
R2	m	konkaver Rundungsradius der Granne FIN (innen)
R3	m	konvexer Rundungsradius der Granne FIN (außen)

Zum Laborstandard. Die Gas haltenden Kavitäten in Differentialbauweise sind grundsätzlich nicht beliebig skalierbar. Zur Implantation in die benetzte Oberfläche von Strömungs-bauteilen SBT sind für eine Laborkavität Kernbohrungen ISO 1207 (DIN 84) vom Durchmesser D0=10mm vorzusehen. Die Tiefe der Kernbohrung ISO 1207 variiert mit der Gesamthöhe des Kavitätszylinders. Für wissenschaftliche Reihenuntersuchungen ist in erster Linie die Konstanz der Radien R1 und R2 einer Mess- oder Berechnungskampagne relevant. In ihrer Geometrie skalierte Kavitäten können zu Mess- und Berechnungsreihen in Serien geordnet werden.

Zur Wirkungsweise. In Fahrt und beim Manövrieren von Seefahrzeugen ist Friktions-widerstand und Strömungsablösung unerwünscht. Durch die Gas haltenden Kavitäten entsteht im Betrieb ein Außenhautoberfläche, die der Strömung dadurch einen geringeren Friktionswiderstand entgegensetzt, dass die Kontur mit Gas haltenden Partitionen durchsetzt ist. Die Gas haltenden Kavitäten sind geeignet zur Implantation in die Außenhaut von Strömungsbauteilen oder Unterwasserbereichen des Rumpfes von Seefahrzeugen, die in Fahrt gelegentlich krängen und damit Teile ihres Unterwasserschiffs der Luftatmosphäre freigeben. Im Betrieb bedeutet diese Phase das Beladen der Kavitäten mit Luft.

An der Außenhaut eines Strömungsbauteils oder einer Sequenz im Bereich des Unterwasser-schiffes eines Seefahrzeugs werden in geringem Abstand und gleichmäßig zahlreiche Bohrungen angebracht und in diese Bohrungen Luft haltenden Kavitäten nach Anspruch 1 implantiert, so dass eine strukturierte Oberfläche entsteht.

Literaturhinweise und Entgegenhaltungen

[BART-18] Prof. Dr. Wilhelm Barthlott, Rheinische Friedrich-Wilhelms-Universität Lehrstuhl Strömungsmechanik, Universität Rostock und Nees-Institut für Biodiversität der Pflanzen TKMS und Blohm + Voss Nordseewerke GmbH, Hamburg

[BART-16] Barthlott, W., Mail, M. & C. Neinhuis, (2016) Superhydrophobic hierarchically structured surfaces in biology: evolution, structural principles and biomimetic applications. Phil. Trans. R. Soc. A 374: 20160191. doi:10.1098/rsta.2016.0191

[BART-16-2] Barthlott, W., Rafiqpoor, M.D. & W.R. Erdelen,(2016) Bionics and Biodiversity – Bio-inspired Technical Innovation for a Sustainable Future. in: J. Knippers et al. (Eds): Biomimetic Research for Architecture and Building Construction – Springer Publishers, S. 11–55 doi:10.1007/978-3-319-46374-2

[BART-10] Barthlott, W., Schimmel, T., Wiersch, S., Koch, K., Brede, M., Barczewski, M., Walheim, S., Weis, A., Kaltenmaier, A., Leder, A. & H.F. Bohn, (2010): The Salvinia paradox: Superhydrophobic surfaces with hydrophilic pins for air-retention under water. Advanced Materials 22: 1-4 doi:10.1002/adma.200904411

[BHUS-16] Bhushan, B, (2016) Salvinia Effect,In: Biomimetics: bioinspired hierarchical-structured surfaces for green science and technology. Springer, S. 205–212. doi:10.1007/978-3-642-02525-9

[Salv-18] https://de.wikipedia.org/wiki/Salvinia-Effekt (aufgerufen 27.03.2018)

[Kolb-18] https://de.wikipedia.org/wiki/Grosser_Kolbenwasserkaefer(aufgerufen 27.03.2018)

[BART-18] *Bionische Reibungsreduktion: Eine Lufthülle hilft Schiffen Treibstoff zu sparen (PDF Download Available)*. Available from: https://www.researchgate.net/publication/272355856_Bionische_Reibungsreduktion_Eine_Lufthulle_hilft_Schiffen_Treibstoff_zu_sparen [accessed Mar 27 2018].

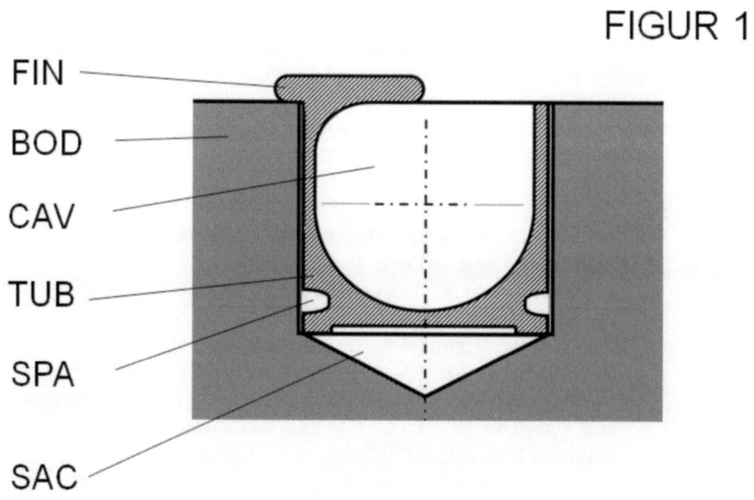
FIGUR 1
FIN
BOD
CAV
TUB
SPA
SAC

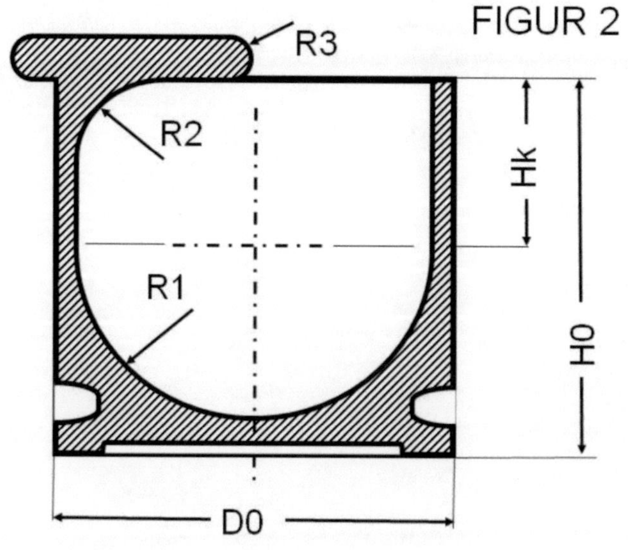
FIGUR 2
R3
R2
R1
Hk
H0
D0

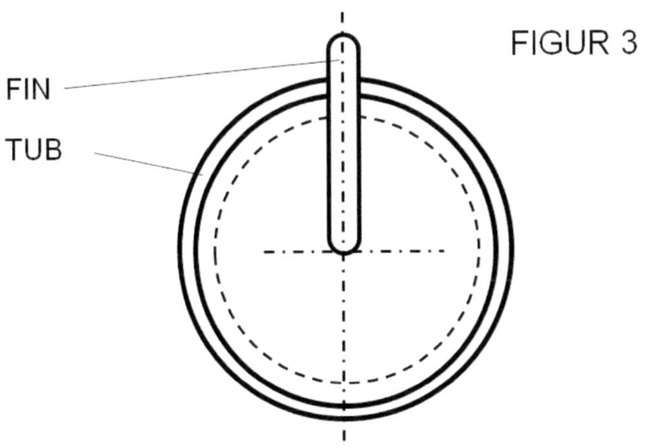
FIGUR 3
FIN
TUB

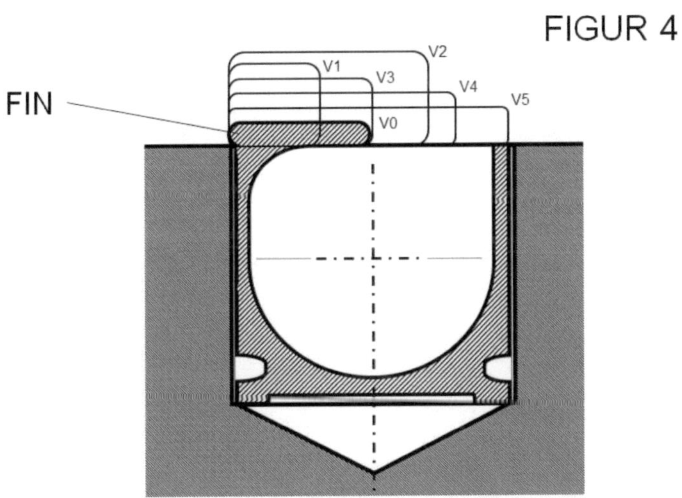
FIGUR 4
FIN
V2
V1
V3
V4
V5
V0

Ansprüche

(1) Die Erfindung betrifft die Lehre über die Gestaltung Gas haltender Kavitäten in Differentialbauweise zur Implantation in die benetzte Oberfläche von Strömungsbauteilen dadurch gekennzeichnet,

dass Unterwasserbereich von Seefahrzeugen zu platzieren sind.

(2) Gas haltender Kavitäten in Differentialbauweise zur Implantation nach Anspruch 1 dadurch gekennzeichnet,

dass ihre Grundform zylinderförmig ist und sie als Komplexbauteil in Kernbohrungen ISO 1207 (DIN 84) gefügt und ggf. stoffschlüssig arretiert werden.

(3) Gas haltender Kavitäten in Differentialbauweise zur Implantation nach Anspruch 1 dadurch gekennzeichnet,

dass hydrophobe Materialien, vornehmlich Kunststoffe für das opake Bauteil oder hydrophobe Oberflächenbeschichtungen zur Anwendung kommen.

(4) Gas haltender Kavitäten in Differentialbauweise zur Implantation nach Anspruch 1 dadurch gekennzeichnet,

dass in ihrer Geometrie skalierte Kavitäten zu Mess- und Berechnungsreihen in Serien geordnet werden können.

Kein Epilog